Für Lou.
S. L.

Wir danken Marie Brossoni für ihren fachlichen Rat.

Mehr Informationen über dein Lieblingstier
findest du in der Sachbuchreihe
Meine erste Tier-Bibliothek.
www.esslinger-verlag.de

Die französische Originalausgabe erschien erstmals 2004 unter dem Titel »Mon encyclo des animaux« bei Éditions Milan.
www.editionsmilan.com

2. Auflage 2006

Aus dem Französischen von Barbara Egner

Anschrift: Postfach 10 03 25, 73703 Esslingen
www.esslinger-verlag.de
ISBN-13: 978-3-480-22156-1
ISBN-10: 3-480-22156-4

Mein erstes Lexikon der Tiere

Stéphanie Ledu

esslinger

Inhalt

Seite 8

Auf dem Land

Seite 26

In der Stadt

Seite 38

Im Süßwasser

Seite 50

In der Prärie

Seite 64

Im Wald

Seite 80

Im Gebirge

Seite 90

Im Meer

Seite 104

In der Wüste

Seite 114

In den kalten Regionen

Auf dem Land

Die Tiere auf dem Bauernhof
kennst du bestimmt am besten.
Aber auf den Feldern und Wiesen leben
auch viele Wildtiere.
Viel Spaß beim Entdecken!

Bauernhoftiere

Du hast sie wahrscheinlich schon „in echt" gesehen, wenn du einen Ausflug aufs Land gemacht hast. Weißt du, warum der Bauer diese Tiere hält?

Die Ziege

Sie knabbert zarte Blätter, frisst Baumrinde und auch Blumen. Ziegen spielen und klettern für ihr Leben gern auf Felsen. Aus ihrer Milch kann man leckeren Ziegenkäse machen.

Die weibliche Ziege hat nur ein Bärtchen, der Ziegenbock hat einen richtigen Bart. Beide können Hörner haben.

Der Esel

Er kann sehr schwere Lasten tragen. Man sagt, dass der Esel stur sei. Aber wenn er sich weigert, weiterzugehen, liegt das oft daran, dass er Angst hat, einen schmalen und gefährlichen Weg zu betreten.

Mit seinen großen Ohren, die der Esel in alle Richtungen drehen kann, hört er sehr gut.

Das Schaf

Im Winter bekommt das Schaf ein dickes Fell, das es vor Kälte schützt. Im Sommer wird es geschoren. Aus der Wolle kann man Pullover und Mäntel machen.

Wenn ein Schaf flüchtet, laufen alle anderen hinterher.

Das Schwein

Schweine sind sehr verfressen und sie fressen fast alles, was man ihnen gibt: Getreide, Früchte oder Kartoffelschalen. Da sie eine empfindliche Haut haben, schützen sie diese vor der Sonne, indem sie sich im Schlamm wälzen.

Die jungen Hausschweine nennt man Ferkel.

Die Kuh

Wenn die Kuh ein Kälbchen geboren hat, gibt sie Milch. Wenn der Bauer sie danach immer weiter melkt, gibt sie auch weiterhin Milch. Diese kann man trinken und zu Jogurt oder Käse verarbeiten.

Vom Frühling bis in den Herbst bleiben die Kühe auf der Weide. Im Winter bringt sie der Bauer in den Stall.

Auf dem Hühnerhof

Auf dem Bauernhof leben verschiedene Vögel, die man „Geflügel“ nennt, aber auch Kaninchen und andere Nutztiere.

Die Gans

Sie frisst den ganzen Tag frisches Gras.
Das Männchen nennt man Ganter oder Gänserich, die Jungen heißen Gänseküken. Mit den weichen Gänsedaunen füllt man Bettdecken und Kopfkissen.

Die Gans bewacht den Hühnerhof und schnattert sehr laut, wenn sich ein Feind nähert.

Das Perlhuhn

Wilde Perlhühner leben in Afrika. Auch auf dem Bauernhof wird das Perlhuhn nie ganz zahm. Oft rennt es hinter den Hühnern her und pickt sie mit seinem Schnabel.

Das Perlhuhn hat ein schönes, schwarzes Gefieder mit weißen Pünktchen.

Der Truthahn schlägt ein Rad, um die Truthenne zu beeindrucken.

Die Ente

Enten leben am Wasser: Den ganzen Tag suchen sie dort nach Pflanzen und kleinen Insekten. Sie können sehr gut schwimmen, aber wenn sie an Land watscheln, sieht das lustig aus.

Die Entenküken folgen ihrer Mutter überallhin.

Der Truthahn

Auf dem Kopf hat der Truthahn keine Federn. An seinem Hals hängt eine rote Hauttasche, die sich aufbläht, wenn er kollert. Er frisst von allem etwas: Gräser, Beeren, Körner oder Insekten.

Das Kaninchen

Kaninchen leben meist in einem Stall. Wenn man sie frei ließe, würden sie weglaufen. Sie knabbern den ganzen Tag, um ihre Zähne abzunutzen, die ständig nachwachsen.

Dank seiner großen Ohren hört das Kaninchen selbst die leisesten Geräusche.

Hahn und Henne

Gack, gack, gack! Kikeriki! Weißt du, wer solche Laute macht?
Es sind die Henne und der Hahn, die auf dem Hühnerhof nach Körnern picken.

Der Hahn bewacht den Hühnerhof: Er ist bereit zu kämpfen, um die Hühner zu verteidigen. Morgens kräht er sehr laut, um den anderen Hähnen zu zeigen, dass er der Stärkste ist.

Im Ei

Fast jeden Tag legt die Henne ein Ei ins Stroh des Hühnerstalls. Wenn sie sich mit dem Hahn gepaart hat, bebrütet sie die Eier und hält sie so lange warm, bis die niedlichen kleinen Küken schlüpfen.

Sobald die Küken geschlüpft sind, laufen sie umher und suchen nach Futter.

Das Huhn hat auch einen roten Kamm und einen Hautsack unter seinem Schnabel, aber beide sind kleiner als beim Hahn.

Gartentiere

Diese Tiere kommen oft zu Besuch in unsere Gärten und fressen dort Obst oder Gemüse.

Die Schnecke

Schnecken sieht man immer dann, wenn es regnet. Scheint die Sonne, verstecken sie sich schnell wieder in ihrem Haus. Im Winter schlafen sie unter der Erde oder unter einem Stein.

Die kleinen schwarzen Punkte am Ende der langen Fühler sind die Augen der Schnecke.

Die Griechische Landschildkröte

Weil sie die Sonne liebt, lebt sie in warmen Gebieten wie Südfrankreich. Wenn es ihr kalt ist, sonnt sie sich und im Winter hält sie Winterschlaf.

Die Griechische Landschildkröte ist sehr niedlich. Aber sie eignet sich nicht als Spielgefährte.

Der Igel hat mehr als 6000 Stacheln. Wenn er Angst hat, rollt er sich zu einer Kugel zusammen.

Der Igel

Nachts sucht er nach Würmern und Schnecken. Dabei grunzt und schnüffelt er laut. Kannst du ihn hören?

Gartenvögel

In deinem Garten gibt es viele Vögel: Es ist leicht, sie zu beobachten und ihren lustigen Spielen zuzusehen.

Die Kohlmeise

Auf der Suche nach Insekten oder Raupen hüpft die Kohlmeise von Ast zu Ast. Damit sie auch im Winter etwas zu fressen hat, legt sie Vorräte an, indem sie Körner in den Ritzen der Baumrinde versteckt.

Die Kohlmeise erkennst du an ihren gelben Federn und der schwarzen Haube auf dem Kopf.

Die Amsel

Die Amsel kannst du morgens als ersten Vogel singen hören. Sie singt sehr schön. Das Männchen hat schwarzes Gefieder und einen orangefarbenen Schnabel. Das Weibchen ist braun.

Die Amsel liebt Früchte: Sie stibitzt Kirschen oder reife Beeren aus dem Obstgarten.

Wenn du einen Nistkasten aufhängst, zieht vielleicht ein Rotkehlchen ein.

Das Rotkehlchen

Es singt oft, um den anderen Vögeln zu zeigen: „Hier wohne ich!" Wenn es Feinden Angst machen will, zeigt es ihnen seine roten Federn.

Die Elster

Man nennt sie auch „diebische Elster". Und das zu Recht: Sie liebt glänzende Gegenstände und trägt manchmal einen Flaschendeckel oder ein silbernes Papierchen in ihr Nest!

Im Garten findet die Elster Würmer oder Früchte … aber sie frisst auch gerne Brot.

Auf dem Feld

Im Sommer wachsen Gras und Getreide sehr hoch. Manche Tiere gehen in den Feldern auf die Jagd, andere bauen dort ihr Nest.

Die Wiesenweihe

Elegant gleitet sie durch die Luft. Sie fliegt sehr tief über dem Boden, um kleine Nagetiere auszumachen. Dann stürzt sie sich mit gespreizten Klauen auf ihre Beute. Pass auf, kleine Zwergmaus!

Um ihre Jungen zu schützen, baut die Wiesenweihe ihr Nest mitten im Gebüsch.

Das Wiesel

Es lebt überall, wo es Mäuse und andere Nagetiere als Beute findet. Es ist klein und sehr beweglich: Es kann sogar in Löcher schlüpfen, die so klein wie ein 20 Cent-Stück sind.

Das Wiesel schnuppert aufgeregt ... Es wittert schon von weitem seinen Feind, den Fuchs.

Die Zwergmaus läuft kopfüber die Halme hinunter. Sie kann sich sogar nur mit ihrem Schwanz daran festhalten. Was für ein Akrobat!

Die Zwergmaus

Weil sie so winzig ist, baut sie auch nur ein ganz kleines Nest. Es hat die Form eines Balls und würde in deine Hand passen. Der Bauer mag sie nicht sehr gerne, denn sie frisst mit Vorliebe Mais- und Weizenkörner.

Auf der Wiese

Auf einer Wiese weiden normalerweise Kühe oder Schafe. Aber wenn du ganz genau hinschaust, findest du noch viele andere Tiere, die hier leben.

Die Biene

Wenn die Biene eine Wiese mit vielen Blumen gefunden hat, fliegt sie zurück zum Bienenstock und teilt dies den anderen Bienen mit, indem sie einen ganz speziellen Tanz aufführt. Bienen entfernen sich oft sehr weit von ihrem Stock, um Blütenpollen und Nektar zu sammeln. Daraus machen sie dann leckeren Honig.

Die Biene transportiert den Pollen an ihren Hinterbeinen in speziellen Taschen, die man „Körbchen" nennt.

Der Regenwurm

Wenn er seine Gänge baut, gräbt er gleichzeitig die Erde um. Regenwürmer fressen Erde. Indem sie diese verdauen und wieder ausscheiden, verbessern sie den Boden.

Der Regenwurm hat keine Augen. Deshalb ist es schwierig, das Kopf- vom Schwanzende zu unterscheiden.

Der Marienkäfer

Seine rote Signalfarbe zeigt Vögeln und Spinnen, dass er sehr schlecht schmeckt.
Der Gärtner mag den Marienkäfer gerne, weil er die kleinen grünen Blattläuse frisst, die seine Pflanzen angreifen.

Dank der kleinen Krallen an seinen Füßen kann der Marienkäfer sehr gut klettern.

Die Ringelnatter erkennst du leicht an ihrem hellen Streifen hinter dem Kopf.

Die Ringelnatter

Sie lebt gern am Wasser, wo sie Frösche und Fische zu fressen findet. Wenn sie dich kommen hört oder sieht, flüchtet sie, weil sie noch mehr Angst vor dir hat als du vor ihr!

Der Grashüpfer

Auf der Flucht vor Feinden macht der Grashüpfer große Sprünge: seine Hinterbeine sind wie Sprungfedern.
Er springt auch ins Gebüsch, um Mücken oder Schmetterlinge zu fangen.

Der Grashüpfer ist genauso grün wie das Gras: So ist er perfekt getarnt.

Im Schutz der Hecke

Hecken bilden eine natürliche Grenze zwischen Wiesen und Feldern. Sie bestehen aus verschiedenen Bäumen und Sträuchern und dienen vielen Tieren als Versteck.

Haselmäuse siehst du äußerst selten, denn kaum hören sie ein Geräusch, verstecken sie sich blitzschnell.

Die Haselmaus

Wie ein Feinschmecker sucht sie sich die leckersten Beeren und Haselnüsse in den Sträuchern aus. Um an die Früchte heranzukommen, balanciert sie auf den dünnsten Zweigen, sogar wenn diese spitze Dornen haben!

Das Rothuhn

Es läuft an den Hecken entlang und pickt dort Körner und Insekten. Seine Eier legt es unter Büsche, wo sie aber manchmal der Fuchs findet und auffrisst.

Das Rothuhn ist ein Wildhuhn mit einem roten Schnabel und roten Krallen.

Der Kleine Fuchs legt seine Eier auf die Unterseite eines Brennnesselblattes.

Der Kleine Fuchs

Wie viele andere Schmetterlinge auch versteckt sich der Kleine Fuchs in der Hecke, wenn es regnet und er deshalb nicht fliegen kann. Sobald die Sonne wieder hervorkommt, breitet er seine Flügel zum Trocknen aus, bevor er weiterfliegen kann.

In der Stadt

Die Natur ist überall!
Viele Pflanzen wachsen
in der Stadt auf engstem Raum
und du kannst auch viele zahme
und wilde Tiere entdecken.

Gut versteckt

Diese Tiere wohnen unter dem Dach oder in anderen Winkeln der Häuser, denn hier ist es warm und es gibt genügend Verstecke und Nahrung. Manche Tiere leben auch verborgen in der Kanalisation der Stadt.

Die Maus

Die Maus ist ganz klein und sehr beweglich. Sie zwängt sich selbst durch winzig kleine Öffnungen. So kommt sie fast überall hin. Sie knabbert gerne Papier, Taschentücher und sogar Seife, wenn sie nichts Essbares findet.

Die Maus baut ihre Nester gern in Häusern, weil es dort warm ist.

Eine Ratte wiegt etwa zehnmal soviel wie eine Maus.

Die Ratte

Die Ratte lebt meist in der Kanalisation der Städte. Sie kann sehr gut schwimmen. Weil sie alles annagt und Krankheiten übertragen kann, ist sie sehr unbeliebt. Eine Ratte kann im Jahr bis zu 70 Junge bekommen.

Die Eidechse wirft bei Gefahr ihren Schwanz ab und flieht. Er wächst aber nur einmal nach.

Die Eidechse

Die Eidechse wärmt sich gern auf sonnigen Mauern oder Steinen. Wenn Gefahr droht, verschwindet sie in einer Mauerspalte. Aber weil sie nicht sehr ängstlich ist, kommt sie schnell wieder hervor.

Die Fledermaus

Den ganzen Tag über schlafen die Fledermäuse kopfüber hängend zum Beispiel in einer Scheune. Jeden Abend schwärmen sie aus, um gemeinsam Insekten zu jagen.

Bei Einbruch der Nacht kann man die Fledermäuse im Zickzack-Kurs am Himmel fliegen sehen.

Vögel im Park

Wenn du dich diesen Vögeln näherst, gib Acht, dass du keine ruckartigen Bewegungen machst … sonst fliegen sie davon.

Der Schwan

Die Füße des Schwans sehen aus wie Schwimmflossen. Elegant gleitet er übers Wasser. Um loszufliegen, muss er lange über das Wasser laufen und mit den Flügeln schlagen, da er sehr groß und schwer ist.

Die jungen Schwäne ruhen sich gerne auf dem Rücken ihrer Eltern aus.

Der Erpel hat einen grünen Kopf, das Weibchen ist braun.

Die Stockente

Quak, quak! Enten sind sehr gesprächig. Man sagt, dass sie „schnattern". Von Geburt an folgen die braun-gelben Entenküken ihrer Mutter. Wenn ein Küken sich entfernt, sucht die Ente aufgeregt nach ihm.

Der Pfau

Um ein Weibchen zu beeindrucken, entfaltet der Pfau seine Schwanzfedern wie einen riesigen Fächer: Er schlägt ein Rad. Die vielen bunten Flecken sehen aus wie Augen.

Nur das Männchen hat ein buntes Gefieder, die Weibchen sind braun.

Der Spatz

Spatzen leben überall, wo auch Menschen leben, in Städten und Dörfern. Sie bilden kleine Kolonien, die sich auf einen Baum setzen, um zu schlafen, und auf dem Boden nach Nahrung suchen.

Das ist ein Spatzenweibchen. Das Männchen hat eine „Brille“ und ein schwarzes Lätzchen unten am Hals.

Es gibt sehr viele Tauben. Fast überall ist es verboten, sie zu füttern.

Die Taube

Wilde Tauben leben auf Felsen. Deshalb fühlen sich Tauben auch in der Stadt wohl, wo es hohe Gebäude gibt. Aber ihr Kot beschädigt die Steine der Häuser und die Statuen.

Die Katze

Sie ist ganz sanft und schnurrt. Auf Samtpfoten schleicht sie durchs Haus. Aber manchmal ist sie auch ein richtiges kleines Raubtier, das seine Krallen ausfährt!

Die Katze versucht, Fliegen und Schmetterlinge zu fangen. Sie jagt und spielt gleichzeitig.

Die Katze

Die Katze hat spitze Zähne und scharfe Krallen. Gerüche nimmt sie von weitem wahr. Sie hört und sieht sehr gut, sogar nachts. Dank ihres geschmeidigen Körpers kommt sie überall hin. Vögel und Mäuse müssen sich vor ihr in Acht nehmen.

Die Katze geht auf Zäunen, Mauern und Dächern spazieren. Sie hat einen sehr guten Gleichgewichtssinn.

Auch wenn eine Katze nur im Haus lebt, ist sie sehr neugierig. Sie streckt den Kopf zum Fenster hinaus, um zu sehen, was auf der Straße vor sich geht.

Treue Gefährten

Es gibt viele Tiere, die du als Haustier halten kannst, egal, ob du in einem Haus oder in einer Wohnung lebst. Welches ist dein Lieblingstier?

Der Hund

Er bewacht dich und spürt, ob du fröhlich oder traurig bist. Er ist ein sehr kluger Gefährte. Er will jeden Tag spazieren gehen und herumspringen. Aber in der Stadt musst du ihn an die Leine nehmen und ihm beibringen, bei Fuß zu gehen.

Ob Verstecken, Ballspielen, Stöckchen holen: Hunde spielen gern.

Der Hamster

Er ist nachtaktiv und macht viel Krach. Er braucht viel Bewegung, z. B. in einem Laufrad im Käfig. Um seine Zähne abzunutzen, die immer nachwachsen, braucht er Holz, an dem er knabbern kann.

Der Hamster sammelt Futter in seinen Backentaschen.

Ein Einmachglas ist zu klein für einen Goldfisch. Er braucht ein großes Aquarium.

Der Goldfisch

Der Goldfisch lebt auch in Teichen in Parks und Gärten, wo er viel größer wird als im Aquarium. Er ist sehr widerstandsfähig und kann auch im zugefrorenen See den Winter überleben.

Der Zebrafink

Dieser niedliche, kleine Vogel kommt aus Australien und lässt sich leicht zähmen. Er piept die ganze Zeit, liebt es, ein Bad zu nehmen, und balanciert auf den Stangen in seinem Käfig.

Männliche Zebrafinken erkennst du ganz leicht an ihrem roten Schnabel und ihrer gestreiften Brust.

Insekten

Diese kleinen Tiere leben in der Küche, im Badezimmer oder auf dem Dachboden. Vielleicht hast du ein bisschen Angst vor ihnen, aber sie sind ziemlich harmlos.

Die Ameise

Ameisen leben in großen Kolonien und haben sogar eine Königin. Sie bauen riesige Ameisenhaufen. Manchmal bilden sie auch eine Ameisenstraße in der Küche, wenn sie etwas Süßes angelockt hat.

Ameisen sind ganz klein, aber sehr stark.

Die Spinne

In einer speziellen Drüse an ihrem Rücken stellt sie den Faden her, mit dem sie ihre Netze webt. Dann wartet sie darauf, dass ein Insekt sich darin verfängt.

Diese kleine haarige Spinne lebt im Freien und außen an Häusern.

Auch wenn du Angst hast, mach keine schnellen Bewegungen! Wenn die Wespe sich bedroht fühlt, könnte sie dich stechen.

Die Wespe

Hunderte von Wespen leben zusammen in einer Kolonie. Sie bauen ihr Nest in einen hohlen Baum oder an eine Hauswand. Das Nest aus zerkleinertem Holz und Speichel ist stabil, aber so leicht wie Papier.

Die Fliege

Bsss… Bsss… Fliegen machen viel Lärm. Beobachte sie doch mal: Sie putzt sich oft mit ihren Vorderfüßen und hat riesige Augen, damit sie Spinnen und Vögel schnell erkennen kann, die sie sonst auffressen würden.

Mit ihrem langen Rüssel saugt die Fliege Nahrung ein.

Im Süßwasser

Wenn ein Gebirgsbach im Tal ankommt,
fließt das Wasser langsamer und
der wilde Bach wird zum Fluss.
Welche Tiere leben im Süßwasser?

Am Fluss

Das Flusswasser ist im Winter kalt und im Sommer warm. Im und am Fluss verstecken sich viele Tiere, die du sehen kannst, wenn du dort baden gehst.

Der Feuersalamander

Er lebt in der Nähe kleiner Flüsse im Wald, aber du hast ihn wahrscheinlich noch nie gesehen. Denn tagsüber versteckt er sich unter einem Stein und jagt nur bei Nacht Würmer und Insekten.

Die auffällige Färbung des Feuersalamanders zeigt seinen Feinden, dass seine Haut giftig ist.

Die Forelle

Sie lebt in sauberen, kalten Flüssen. Jede Forelle hat ihr eigenes Revier, in dem sie jagt und sich ausruht. Sie frisst gerne kleine Fische.

Die Regenbogen-Forelle erkennst du an den großen Punkten an der Seite.

Die Libelle

Mit ihren großen Augen kann die Libelle in alle Richtungen sehen. Sie fliegt sehr schnell, um Fliegen, Mücken und Schmetterlinge einzuholen. Dann stürzt sie sich auf sie und verschlingt sie.

Mit ausgebreiteten Flügeln ist die Libelle größer als deine Hand.

Der Waschbär

Nachts strolcht der Waschbär am Ufer entlang. Mit seinen Vorderpfoten tastet er am Grund des Flusses nach kleinen Fischen oder Würmern, die sich unter einem Stein versteckt haben. Blitzschnell packt er zu und fängt sie.

Der Eisvogel

Er fliegt über das Wasser und fängt mit seinem langen spitzen Schnabel Fische. Er nutzt seinen Schnabel auch, um sein tunnelförmiges Nest am Flussufer zu bauen, das er mit Fischgräten und Muschelschalen auskleidet. Das ist nicht sehr weich!

Um Fische zu beobachten oder zu fressen, setzt sich der Eisvogel auf einen Zweig.

Der Waschbär lebt immer in Wassernähe. Tagsüber schläft er in einem hohlen Baum.

Am Teich

Teiche sind Mulden, in denen sich Wasser sammelt.
Hier leben Tiere und Pflanzen in einer ganz eigenen Welt.

Der Graureiher

Lange steht er ganz still im Wasser. Plötzlich stößt er mit seinem langen Hals zu und durchbohrt einen Fisch oder einen Frosch mit seinem spitzen Schnabel.

Der Wasserläufer ist ganz leicht und gleitet über das Wasser – man könnte meinen, er würde Schlittschuh laufen!

Der Wasserläufer

Wasserläufer haben sechs Beine, zwei kurze und vier lange. Daran befinden sich winzige, wasserundurchlässige Haare, die kleine Luftkissen bilden. Deshalb kann der Wasserläufer auf dem Wasser gehen.

Der Graureiher ist ungefähr so groß wie du.

Die Nutria ist so groß wie ein kleiner Hund.

Die Nutria

Die Nutria wird auch Sumpfbiber oder Biberratte genannt. Man sieht sie oft im Wasser am Schilf nagen. Sie kann auch richtige Schäden verursachen, wenn sie sich auf Feldern oder in Gemüsegärten ihre Nahrung sucht.

Die Stechmücke

Damit das Weibchen seine Eier auf der Wasseroberfläche ablegen kann, muss es satt sein. Aber nur die Weibchen trinken Blut. Die Männchen hingegen stechen nicht: Sie trinken nur Blütennektar.

Das Stechmückenweibchen sticht mit seinem nadelförmigen Rüssel. Au!

Der Laubfrosch

Der Laubfrosch lebt im hohen Gras und auf Bäumen in Teichnähe. Aber wie alle Frösche ist er im Wasser geboren und aufgewachsen.

Diese Kaulquappe ist schon groß: Sie hat bereits Hinterbeine.

Große Veränderung

Der Laubfrosch legt seine Eier im Wasser ab. Daraus schlüpfen winzige Kaulquappen. Wenn sie wachsen, verlieren sie ihren Schwanz und es wachsen ihnen vier Beine. Sie können nicht mehr unter Wasser atmen. Sie sind zu Fröschen geworden.

Quak, quak. An lauen Frühlingsabenden singt das Männchen sehr laut, indem es seinen Hals aufbläht, um Weibchen anzulocken.

Der Laubfrosch hüpft von
Halm zu Halm.
Dank der kleinen Saugnäpfe
an seinen Zehen
fällt er nie herunter.

Flüsse Europas

Ein Strom ist ein breiter Fluss. Deshalb fließt er langsamer und sein Wasser ist nicht so klar. Er mündet ins Meer.

Der Europäische Biber

Anders als der Amerikanische Biber baut er keinen „Staudamm“, sondern gräbt an der Uferböschung einen Bau. Die Höhle einer Biberfamilie kann bis zu 15 versteckte Ausgänge haben.

Mit seinem platten Schwanz kann der Biber gut schwimmen. Bei Gefahr schlägt er damit aufs Wasser und warnt so die anderen.

Der Fischotter

Er ist sehr verspielt und liebt es, Fischen nachzujagen. Er ist nachtaktiv und legt weite Strecken zurück, um sein Revier mit Kot zu markieren, der stark nach Fisch riecht.

Der Fischotter hat einen flachen Kopf, kleine Ohren, lange Barthaare und Schwimmhäute an den Pfoten.

Der Flamingo frisst gerne rosa Krabben: Deshalb ist sein Gefieder auch so schön rosa.

Der Flamingo

Flamingos leben in großen Gruppen. Du hast sie vielleicht schon an einem See oder im Zoo gesehen. Sie filtern das Wasser mit ihrem Schnabel, in dem eine Art Kamm Kleintiere zurückhält.

Der Hecht

Dieser große Fisch hat einen gewaltigen Kiefer mit 700 spitzen Zähnen. Er ist sehr gefräßig und fängt Insekten, andere Fische, Frösche und sogar kleine Enten.

Der Hecht frisst Fische, die genauso groß sind wie er. Dann verdaut er einige Tage.

Flüsse Afrikas

Elefanten, Löwen, Zebras kommen von weit her, um zu trinken oder zu baden. Andere Tiere leben immer am Fluss.

Das Nilkrokodil

Man könnte meinen, da schwimmt ein Baumstamm im Wasser. Aber Vorsicht! Das Krokodil lauert auf Beute und kann weit springen, um einen Vogel oder eine Gazelle zu erwischen. Dann taucht es unter, um seine Beute zu ertränken.

Das Nilkrokodil ist genauso lang wie ein großes Auto.

Das Nilpferd

Nachts frisst es, tagsüber ruht es sich im Wasser aus. Manchmal taucht es und geht auf dem Grund des Flusses spazieren. Es kann seine Nasenlöcher und seine Ohren schließen, das ist sehr praktisch beim Tauchen!

Manchmal verlassen Nilpferde das Wasser und nehmen ein kurzes Sonnenbad.

Der Pelikan hat unten am Schnabel einen großen Hautsack, in den 4 kg Fisch hineinpassen.

Der Pelikan

Pelikane schwimmen Seite an Seite und schlagen dabei mit den Flügeln: So treiben sie die Fische in die Nähe des Ufers. Dort können sie sie mit ihren großen Schnäbeln leicht fangen.

In der Prärie

Je nach Jahreszeit ist das Gras in der Prärie grün oder gelb. In dieser großen Ebene gibt es für die Tiere nur wenige Verstecke.

Die große amerikanische Prärie

In der amerikanischen Prärie leben viele verschiedene Tiere. Wenn Gefahr droht, ergreifen Bisons sofort die Flucht und kleinere Tiere verschwinden in ihrem Bau.

Der Bison

Bisons bilden riesige Herden, die die Prärie auf der Suche nach Gras durchqueren. Im Winter schieben sie mit dem Kopf und den Hufen den Schnee beiseite, um Futter zu finden.

Auf den Rücken der Bisons sitzen Madenhacker. Die kleinen Vögel befreien sie von lästigen Insekten.

Der Schwarzfußiltis

Er ist kleiner als eine Katze. Nachts schleicht er sich in die Baue von Präriehunden, um sie zu fressen. Ihre verlassenen Höhlen nutzt er auch als Versteck und für die Aufzucht seiner Jungen.

Der Schwarzfußiltis lebt unter der Erde, aber manchmal kommt er auch heraus, um sich in der Sonne zu wärmen.

Um sich wiederzuerkennen, beschnuppern Präriehunde einander und berühren ihre Zähne.

Der Präriehund

Mehrere tausend Präriehunde leben gemeinsam in riesigen Bauen. An deren Eingängen halten einige Tiere Wache. Nähert sich ein Feind, schlagen sie Alarm und alle verstecken sich schnell im Bau.

Das Pferd

Heutzutage leben die meisten Pferde als Haustiere bei den Menschen. Der Mustang dagegen ist ein Wildpferd. Er galoppiert frei über die Prärie.

Der Mustang ist Teil einer Herde, die aus einem Hengst, mehreren Stuten und Fohlen besteht.

Brrr ...

Im Winter bekommt der Mustang ein Winterfell. Auf der Suche nach dürren Zweigen scharrt er mit seinen Hufen im Schnee. Wenn der Wind zu stark bläst, drängen sich die Pferde dicht zusammen, um sich gegenseitig zu wärmen.

Pferde schließen manchmal enge Freundschaften: Als Zeichen ihrer Zuneigung knabbern sie einander am Hals.

Pferde haben weder Fangzähne noch
Klauen um sich zu verteidigen.
Sie sind Fluchttiere: wenn Gefahr droht,
galoppieren sie davon.

In der Pampa

In der großen Ebene in Südamerika ist das Gras saftig grün, weil es oft regnet. Dort werden Millionen Kühe gezüchtet, die manchmal Wildtieren begegnen.

Der Mähnenwolf

Er hat fuchsrotes Fell und sehr lange Beine. So kann er gut im hohen Gras jagen. Er ist sehr scheu und meidet die Nähe des Menschen.

Der Mähnenwolf ist der einzige Wolf, der nicht im Rudel lebt.

Das Gürteltier

Kopf, Körper und Schwanz des Gürteltiers sind mit harten Schuppen bedeckt. Bei Gefahr rollt es sich ein. Dann kann niemand es angreifen.

Es gibt viele verschiedene Gürteltierarten. Die kleinste heißt Zwerggürteltier.

Kopf und Körper des Ameisenbärs sind länglich.

Der Ameisenbär

Mit seinen großen Krallen zerstört er Ameisenhügel und Termitenbauten. Dann fängt er die Insekten mit seiner langen, klebrigen Zunge, die sogar länger ist als dein Arm. Damit fängt er ungefähr 30.000 Insekten pro Tag!

Die Chinchilla

Bei Gefahr flüchtet sie in eine Felsspalte. Wenn eine Wildkatze oder ein Vogel sie erwischt, rettet sie sich, indem sie nur ein Fellbüschel in den Klauen des Feindes zurücklässt.

Chinchillas haben große Ohren, lange Schwänze und schönes samtweiches graues Fell.

Riesen der Savanne

In den großen Ebenen Afrikas ist das Gras nicht immer verdorrt: In der Regenzeit wird es ganz grün. Kennst du schon die Namen der Tiere, die dort leben?

Das Nashorn

Es sieht nicht sehr gut. Wenn es angegriffen wird, droht es dem Feind mit seinem großen Horn, mit dem es ihn schwer verletzen kann. Obwohl es so viel wiegt, kann es sehr schnell laufen.

Das Nashorn frisst den ganzen Tag Gras. Erst am Abend trinkt es und nimmt ein Schlammbad.

Der Strauß

Das Männchen ist der größte Vogel der Welt. Das Weibchen legt die größten Eier. Der Strauß ist zu schwer zum Fliegen, aber mit seinen kräftigen Beinen läuft er sehr schnell.

Das Männchen hat ein schwarz-weißes Gefieder, das Weibchen ist grau-braun.

Von allen Tieren, die auf dem Land leben, ist der Elefant das schwerste.

Der Elefant

Seine mächtigen Stoßzähne wachsen sein Leben lang. Mit seinem beweglichen Rüssel kann der Elefant atmen, Gras rupfen und in den Mund stecken, trinken und sich duschen. Die Elefantenkühe und ihre Jungen leben in Herden, die Männchen sind Einzelgänger.

Die Giraffe

Schon bei ihrer Geburt ist sie größer als ein Mensch. Mit ihrem langen Hals und ihrer langen schwarzen Zunge kann sie als einzige die zarten Blätter in den Baumkronen erreichen und abfressen.

Die Giraffe ist das größte Tier: sie könnte zu einem Fenster im zweiten Stock eines Hauses hineinschauen.

Jäger der Savanne

Vorsicht! In der Savanne lauern viele Gefahren.
Die großen Wildkatzen sind gute Jäger mit scharfen Zähnen und Krallen.

Der Leopard

Er jagt nachts, vor allem Affen, Schlangen und Eidechsen. Wenn er ein größeres Tier wie z. B. eine Gazelle erbeutet hat, schleppt er sie auf einen Baum, damit andere Raubtiere sie ihm nicht wegnehmen.

Der Leopard überwacht die Umgebung und ruht sich ein wenig aus.

Der Gepard

Tief ins Gras geduckt nähert er sich lautlos seiner Beute ... dann stürzt er sich auf sie. Der Gepard ist das schnellste Tier der Welt – aber nur auf kurzen Strecken, denn er wird schnell müde.

Der Gepard hat lange Beine und viele Muskeln: sein Körper ist perfekt fürs Rennen gemacht.

Der Löwe und die Löwin

Die Rangordnung im Rudel ist streng: Die Löwen des Rudels ruhen sich aus, während die Löwinnen jagen. Aber wenn diese Beute machen, fressen die viel stärkeren Männchen zuerst.

Der Löwe hat eine Mähne, die Löwin nicht.

Weidetiere der Savanne

In der großen afrikanischen Savanne gibt es ausreichend Gras, so dass riesige Herden dort Futter finden. Oft begegnen tausende verschiedener Tiere einander. Was für ein Schauspiel!

Das Zebra

Zebras mischen sich gerne unter die Gazellenherden: Gemeinsam merken sie schneller, wenn eine Löwin oder ein Gepard sich nähert. Wird ein Zebra angegriffen, wehrt es sich mit kräftigen Huftritten.

Jedes Zebra hat ein eigenes Streifenmuster.

Das Gnu

Zu Beginn der Trockenzeit machen sich die Gnus auf eine lange Reise: Sie ziehen weiter, um Wasser und Gras zu finden. In den Flüssen, die sie unterwegs durchqueren müssen, lauern ihnen Krokodile auf.

Das Gnu hat einen sehr breiten Kopf, einen Bart und eine Mähne.

Ein Gepard nähert sich ... aber diese Springböcke haben ihn schon gewittert.

Die Gazelle

In der Savanne leben viele verschiedene Gazellenarten. Alle sind leicht und zierlich. Wenn ein Raubtier sie fangen will, fliehen sie mit großen Sprüngen.

Der Büffel

Vorsicht vor den Hörnern! Die des Männchens bilden eine Art Helm auf seiner Stirn. Wenn Löwinnen ein Tier aus seiner Herde angreifen, verteidigt er es sofort mit gesenktem Kopf.

Junge Büffel haben weiches Fell und große Ohren, wie ihre Eltern.

Im Wald

Wälder gibt es auf der ganzen Welt. Aber sie sehen in den einzelnen Regionen sehr unterschiedlich aus. Sie dienen zahlreichen Tieren als Lebensraum.

Im Unterholz

Bei Einbruch der Nacht hört man Äste knacken und Laub rascheln.
Die Bewohner des Waldes werden wach.

Der Fuchs

Er bewohnt oft einen Dachsbau. Abends geht er auf die Jagd. Er schnuppert am Boden und folgt dem Geruch seiner Beutetiere. Manchmal klettert er auf Bäume, um Eier aus Vogelnestern zu stehlen.

Der Fuchs hat eine spitze Schnauze, rotbraunes Fell und eine weiße Brust.

Der Dachs

Viele Dachse bewohnen zusammen einen riesigen Bau mit mehreren Eingängen. Wenn der Dachs angegriffen wird, legt er sich auf den Rücken und wehrt sich mit seinen Krallen.

Abends macht sich der Dachs auf Futtersuche. Er frisst Früchte, Wurzeln, Pilze und Insekten.

Der Hirsch verliert jedes Jahr sein Geweih. Es wächst dann mit noch mehr Enden nach.

Der Hirsch

Im Herbst rufen die Hirsche sehr laut, um Weibchen anzulocken: man sagt, dass sie „röhren". Die Männchen kämpfen mit ihren Geweihen gegeneinander, um zu zeigen, wer der Stärkste ist.

Das Wildschwein

Grunz! Das Wildschwein ist ein Verwandter unseres Hausschweins. Dieser Vielfraß gräbt mit seinem Rüssel nach Wurzeln und Würmern. Wo Wildschweine waren, ist der Waldboden ganz aufgewühlt.

Das Männchen heißt Keiler, das weibliche Wildschwein Bache und die Jungen nennt man Frischlinge.

Auf den Bäumen

Bäume dienen vielen Tieren als Lebensraum. Insekten legen ihre Eier unter die Rinde, Vögel und andere kleine Tiere verstecken sich in den Baumstämmen und zwischen den Zweigen.

Der Hirschkäfer ist ein großes Insekt, das beim Fliegen laut brummt.

Der Hirschkäfer

Wenn sich zwei Männchen begegnen, kämpfen sie mit ihren großen Mundwerkzeugen gegeneinander und versuchen, den Gegner vom Baum zu stoßen. Der Sieger paart sich mit dem Weibchen.

Der Waldkauz

Nachts verlässt der Waldkauz seinen Baum. Er fliegt fast lautlos, um Mäuse zu fangen, die er schon von weitem hören kann. Mit seinen großen Augen sieht er sehr gut.

Männliche Käuze haben einen Federbusch auf dem Kopf, die weiblichen nicht.

Das Eichhörnchen

Im Herbst vergräbt es viele Nüsse und Samen. Das sind seine Vorräte für den Winter, wenn es im Wald nichts mehr zu fressen gibt. Aber weil es seine Verstecke oft nicht mehr findet, wachsen aus den Samen neue Bäume.

Der buschige Schwanz schützt das Eichhörnchen tagsüber vor der Sonne und nachts vor Kälte.

Der Wolf

Einem Wolf wirst du im Wald nicht begegnen, denn sie sind sehr selten. Du brauchst dich nicht vor ihm zu fürchten, er ist nämlich in Wirklichkeit gar nicht so böse wie im Märchen!

Der Wolf heult, um den anderen Wölfen mitzuteilen, wo er gerade ist. Sie antworten ihm sofort, indem sie auch heulen.

Der Leitwolf

Wölfe leben in einem Rudel zusammen, das von einem Leitwolf angeführt wird. Er bleckt die Zähne, um zu zeigen, dass er der Anführer ist. Als Zeichen der Unterwerfung senken die anderen Wölfe den Kopf, legen die Ohren an und ziehen den Schwanz ein.

Wenn die anderen Wölfe jagen, bleibt die Wölfin mit ihren Jungen alleine zurück. Das Rudel bringt ihr etwas zu fressen mit.

*Der Wolf war die ganze Nacht auf der Jagd.
Am Morgen kehrt er in den Wald zurück
und versteckt sich, um zu schlafen.
Dort kann ihn niemand finden.*

Im Tropenwald

In den Tropenwäldern Südamerikas ist es heiß und es regnet häufig. Hier wachsen gewaltige Bäume und Pflanzen. Viele exotische Tiere sind hier zu Hause.

Der Ara wurde nach dem Laut benannt, den er macht: arraaa, arraaa …

Der Hellrote Ara

Dank seiner Krallen und seiner Schnabelspitze, die ihm als Steigeisen dient, kann der Papagei hervorragend klettern.

Das Faultier

Das Faultier ist das langsamste Tier der Welt. Es schläft fast den ganzen Tag. Wenn es aufwacht, geht es wie in Zeitlupe von Ast zu Ast.

Das Faultier ist schwer zu entdecken: Es bewegt sich fast nie und sein Fell hat die Farbe der Zweige.

Der Riesentukan hat einen großen bunten Schnabel.

Die Vogelspinne

Diese Spinne kann so groß werden wie ein Teller! Sie baut kein Netz, sondern lebt in einem Bau. Wenn eine Maus oder eine Schlange vorbeikommt, springt sie auf sie und beißt zu.

Der Riesentukan

Sein Schnabel ist sehr groß, aber ganz leicht. Damit pflückt er Früchte oder stiehlt anderen Vögeln die Eier und wirft diese in die Luft, bevor er sie verschlingt.

Die Haare einiger Vogelspinnen sind giftig und stechen wie Nadeln. Wenn sich die Spinnen bedroht fühlen, schleudern sie diese auf ihre Feinde.

Die Grüne Hundskopfboa

Tagsüber ruht sie sich um einen Zweig gewickelt aus. Nachts liegt sie auf der Lauer. Wenn ein Vogel an ihr vorbeifliegt, schnellt ihr Kopf wie eine Sprungfeder nach vorn.

Bei ihrer Geburt ist die Grüne Hundskopfboa rot. Erst wenn sie älter ist, wird sie grün.

Im Dschungel Asiens

Diese drei Tiere leben zwar auf demselben Kontinent, aber in ganz unterschiedlichen Lebensräumen. Alle leben weit weg von den Menschen im tiefen Wald.

Der Tiger

Mit seinem gestreiften Fell ist er im hohen Gras perfekt getarnt. Dank der Ballen an seinen Pfoten hören ihn Hirsche, Büffel und Wildschweine nicht, wenn er sich ihnen nähert. Vorsicht vor seinen gefährlichen Zähnen und Krallen!

Der Tiger ist die größte Wildkatze der Welt. Er lebt in der Savanne und in den Wäldern Indiens.

Der Große Panda

Der Pandabär lebt in Wäldern, in denen Bambus wächst, denn er ernährt sich fast nur von Bambusblättern. Da diese nicht sehr nahrhaft sind, muss er sehr viele fressen, um satt zu werden.

Der Panda ist ein großer Bär mit schwarz-weißem Fell. Er lebt in China.

Der Orang-Utan ist ein Menschenaffe mit rotem Fell. Er lebt auf einer Insel namens Borneo.

Der Orang-Utan

Er ist so groß wie ein zehnjähriges Kind und damit das größte auf Bäumen lebende Tier. Auf der Suche nach Früchten klettert er von Ast zu Ast und hält sich dabei mit seinen Händen und Füßen fest.

In den Wäldern Afrikas

Hier leben viele verschiedene Tiere, unter anderem die größten Affen der Welt. Die Affen verbringen die meiste Zeit am Boden und turnen nur manchmal in den Bäumen herum.

Der Gorilla ist größer als ein Mensch und zu schwer, um leichtfüßig auf Bäume zu klettern.

Der Gorilla

Dieser friedliche Riese ist der größte und stärkste Menschenaffe der Welt. Wenn das Männchen sich lautstark auf die Brust trommelt, will es Feinde erschrecken und seine Familie beschützen.

Die Schimpansenmutter sorgt liebevoll für ihr Junges, das lange Zeit bei ihr bleibt.

Der Schimpanse

Er ist ein sehr kluger Affe und kann Nüsse mit Steinen knacken und ein großes Blatt als Regenschirm benutzen. Er schläft hoch oben auf den Bäumen in einem weichen Nest, das er sich jeden Abend neu baut.

Um sich vor seinen Feinden zu schützen, bläht sich das Chamäleon auf und wechselt ganz schnell die Farbe.

Das Chamäleon

Es lebt vor allem in Afrika und auf Madagaskar. Reglos sitzt es auf einem Zweig und fängt Insekten mit seiner dünnen, klebrigen Zunge, die genauso lang ist wie sein Körper!

Der Katta

Der Katta lebt nur auf Madagaskar, einer Insel in der Nähe Afrikas. Er macht gewaltige Sprünge in den Bäumen. Dabei krallen sich die Jungen im Fell ihrer Mutter fest, um nicht herunterzufallen.

Der Katta hat einen langen schwarz-weiß gestreiften Schwanz.

In den Wäldern Australiens

Die Tiere in Australien unterscheiden sich stark von denen anderer Erdteile, denn sie sind seit Jahrtausenden auf dieser riesigen Insel mitten im Meer isoliert.

Es gibt Loris in allen möglichen Farben - auch bunte! Dies hier ist ein grüner Lori.

Der Lori

Der Lori gehört zur Familie der Papageien, ist aber kleiner. Er lebt in großen Schwärmen in den Wäldern, klaut aber auch gerne Früchte aus dem Garten. Er ist sehr gesprächig und macht viel Krach!

Das Schnabeltier taucht in den Flüssen und sucht mit seinem weichen Schnabel im Schlamm nach Nahrung.

Das Schnabeltier

Was für ein drolliges Tier! Es hat Fell, einen Entenschnabel und Schwimmflossen an den Füßen. Das Weibchen legt Eier und seine Jungen lecken die Milch auf, die aus seinem Fell fließt, weil es keine Zitzen hat!

Der Koala lebt in den Bäumen. Er klettert nur manchmal hinunter, um den nächsten Baum zu erreichen.

Der Koala

Koalas bewegen sich nur ganz langsam und machen kleine Sprünge, um von einem Baum zum anderen zu gelangen. Sie fressen Eukalyptusblätter, die sehr gut riechen, aber giftig sind. Dem Koala macht das Gift jedoch nichts aus!

Im Gebirge

Die Gipfel der Berge können das ganze Jahr über mit Schnee bedeckt sein und im Winter ist es sehr kalt! Einige Tiere haben sich an das eisige Klima angepasst.

Auf dem Himalaya

Der Himalaya ist ein gewaltiges Gebirge mit den höchsten Bergen der Welt. Hier wachsen nur wenig Pflanzen, aber trotzdem können hier Tiere leben.

Der Schneeleopard ist sehr scheu. Man sieht ihn nur sehr selten.

Schneeleoparden

Schneeleoparden haben selbst unter den Pfoten ein dickes Fell, und sie sind so vor der Kälte geschützt. Lautlos schleicht sich der Schneeleopard an Steinböcke und Ziegen heran.

Der Yak

Die Bewohner des Himalaya-Gebirges züchten ihn als Lasttier, wegen seiner Milch und seines Fleischs. Wilde Yaks sind sehr selten geworden.

Dank seiner langen Wolle ist der Yak selbst vor großer Kälte geschützt.

Der Bartgeier lebt in fast allen Hochgebirgen der Welt.

Der Bartgeier

Diesen Geier erkennt man an den roten Augenrändern und seinem Bärtchen. Er sucht die Knochen toter Tiere, wirft sie aus großer Höhe hinab, um sie zu zerbrechen und sie anschließend zu fressen.

In den Anden

Diese Gebirgskette erstreckt sich über ganz Südamerika. Das Gebiet ist so groß, dass man dort die verschiedensten Landschaften findet: Wälder, Wiesen, Hochebenen und Wüsten.

Der Kondor

Der Kondor ist der größte flugfähige Vogel. Er schwebt in der Luft, indem er sich vom Wind tragen lässt, und hält dabei Ausschau nach toten Tieren, die er fressen kann.

Bei der Geburt ist der Kondor schwarz. Wenn er älter wird, werden sein Hals und seine Flügel weiß.

Der Brillenbär

Brillenbären haben helle Flecken auf den Wangen, der Stirn und um die Augen. Aber bei jedem Bär sieht diese Zeichnung anders aus! Er klettert auf Bäume, um Früchte zu fressen oder um zu schlafen.

Weil die Menschen Brillenbären gejagt haben, wurden diese beinahe ausgerottet.

Vom Baum aus überwacht der Puma sein Revier.

Der Puma

Man nennt den Puma auch Silber- oder Berglöwe. Mit gewaltigen Sprüngen springt er von Fels zu Fels. Der Puma jagt vorwiegend morgens und abends. Tagsüber schläft er in einer Höhle oder versteckt im Wald.

Das Vikunja

Um Pflanzen zum Fressen zu finden, klettert dieser Akrobat auf Felsen, die andere Tiere nicht erreichen. Wenn es angegriffen wird, spuckt es seinen Gegner an.

Das Vikunja ist mit dem Lama und dem Kamel verwandt.

In den Alpen

Wenn du im Sommer in den Alpen bist, kannst du mit etwas Glück Murmeltiere beobachten. Die anderen Tiere sind noch scheuer und schwerer zu sehen!

Der Steinbock

Mit seinen Hufen kann er gut klettern. Die Männchen haben große Hörner: Damit kämpfen sie gegeneinander. Wer auch nur einen Schritt zurückweicht, hat verloren!

Die Hörner des Steinbocks wachsen jedes Jahr um einen Ring.

Der Luchs

Diese große scheue Wildkatze lebt in den Wäldern oder in Gegenden, in denen es viele Verstecke gibt. Abends macht sich der Luchs auf die Jagd nach Hasen, Igeln oder kleinen Nagetieren.

Der Luchs hat Haarpinsel auf den Ohren und einen kurzen Schwanz.

Der Königsadler

Der Adler kreist am Himmel und stürzt sich ganz plötzlich auf Murmeltiere oder junge Gemsen. Dann packt er sie mit seinen Klauen, an denen sich lange Krallen befinden, und trägt sie fort.

Der Königsadler sieht viel besser als wir: Schon von ganz oben erkennt er seine Beute.

Beim ersten Schneefall zieht das Murmeltier sich zum Winterschlaf in seinen Bau zurück.

Die Gemse

Die Gemse lebt in den Alpen oder in den Pyrenäen. Sie kann hervorragend klettern und steigt bis in die hochsten Felswände, ohne jemals hinunterzufallen.

Das Murmeltier

Es wärmt sich in der Nähe seines Baus in der Sonne. Wenn es einen Königsadler sieht, pfeift es sehr laut, um die anderen Murmeltiere zu warnen und flüchtet schnell unter die Erde.

Im Winter verlassen die Gemsen die Berggipfel und ziehen in den Wald, wo sie mehr Nahrung finden.

Der Pyrenäenbär

Früher lebte der Bär in den Tälern. Weil er aber von den Menschen gejagt wurde, hat er sich immer weiter ins Gebirge zurückgezogen.

Ein großer Vielfraß

Der Bär frisst alles Mögliche: Je nach Jahreszeit ernährt er sich von Heidelbeeren, Himbeeren, Pilzen oder Nüssen. Aber auch Frösche, Schnecken und Fische stehen auf seinem Speiseplan. Doch am allerliebsten frisst er Honig, auch wenn ihn die Bienen dabei stechen.

Der Braunbär ist riesig: Wenn er aufrecht steht, ist er viel größer als ein Mensch. Und er ist sehr stark.

Der Bär hat ein gutes Gedächtnis: Er erinnert sich daran, wo in seinem Revier die süßesten Beeren wachsen.

Im tiefsten Winter hat die Bärin ein Junges geboren. Im Sommer entdeckt es beim Spielen die Welt. Auf Bäume klettern macht Spaß!

Im Meer

Hier leben nicht nur Fische!
In dieser blauen Welt, in der das Wasser ziemlich warm oder sehr kalt sein kann, gibt es viele verschiedene Tiere zu entdecken.

Bei Ebbe

Komm mit auf einen Spaziergang am Strand: Mit etwas Geduld kannst du bei Ebbe, also wenn sich das Wasser zurückzieht, diese Tiere beobachten.

Der Seeigel trägt seinen Namen, weil er ganz viele spitze Stacheln hat.

Der Seeigel

Damit er nicht von den Wellen weggespült wird, hält er sich mit seinen Stacheln an den Felsen fest. Manche Stacheln sind biegsam und der Seeigel bewegt sich damit am Meeresgrund oder auf dem Sand fort.

Der Seestern

Dieser Vielfraß ist immer auf der Suche nach Austern und Muscheln. Mit seinen kräftigen Armen bricht er die Schalen auf und es ist nicht schlimm, wenn er dabei einen Arm verliert: er wächst nämlich nach.

Der Seestern versteckt sich im Sand oder klammert sich an einen Felsen.

Die Große Felsengarnele

Wenn du sie in einem Wasserloch findest, kannst du sie vorsichtig anfassen. Aber wenn du ihre beiden langen Fühler berührst, wird sie Angst bekommen und flüchten.

Die Große Felsengarnele ist durchsichtig und hat am ganzen Körper Streifen.

Die Miesmuschel

Der weiche Körper ist durch ihre Schale gut geschützt. Die Miesmuschel schluckt und filtert Meerwasser, um Kleinstlebewesen zu fressen.

Miesmuscheln halten sich mit selbst hergestellten Fäden an Felsen fest.

Die Schwimmkrabbe

Ihr Panzer ist sehr hart. Sie versteckt sich unter Algen und in Felsspalten vor den Vögeln, die sie fressen wollen. Wie alle Krabben bewegt sie sich seitwärts.

Mit ihren großen Scheren kämpft die Schwimmkrabbe gegen andere Krabben.

Die Seevögel

Sie lassen sich vom Wind tragen und fliegen bei jedem Wetter über die Ozeane. Manche Vogelarten verbringen die meiste Zeit in der Luft und landen nur, um Eier zu legen.

Die Möwe

Die Möwe fliegt sehr weit draußen über das Meer. Aber wenn es auf See einen Sturm gibt, kann man sie auch in den Städten sehen. Auf dem Boden ist sie eher ungeschickt: Ihre Füße sind so kurz, dass ihr das Gehen schwer fällt.

Die Möwe baut ihr Nest auf Felsvorsprünge hoch in den Klippen.

Der Papageitaucher

An Land nisten sie in Kolonien an den Steinküsten. Im Winter fliegt er über das Meer. Im Frühjahr gräbt er sich eine Nisthöhle oder bezieht einen alten Kaninchenbau.

Der Papageitaucher hat einen ganz bunten Schnabel. Daher hat er auch seinen Namen.

Der Albatros

Seine Flügel sind so riesig, dass er nur schwer starten und landen kann. Deshalb bleibt er die meiste Zeit in der Luft. Er ernährt sich von Fischen, frisst aber auch die Abfälle von Fischerbooten.

Der Albatros segelt durch die Lüfte, indem er sich vom Wind tragen lässt.

Der Basstölpel

Meist fliegt er in großen Schwarmen übers Meer, die eine V-Formation bilden. Wenn er aus der Luft einen Fisch entdeckt, stürzt er sich kopfüber ins Wasser, um ihn zu fangen.

Den Basstölpel erkennst du an seinem gelben Kopf und dem langen blauen Schnabel.

Meeresriesen

Du kennst es vom Baden: im Wasser fühlt man sich ganz leicht. Deshalb können im Meer viel größere Tiere leben als an Land.

Der Buckelwal

Er ist doppelt so lang wie ein Bus und so schwer wie sechs Elefanten. Um ein Weibchen zu verführen, singt der Wal – diese Gesänge sind selbst unter Wasser über weite Strecken zu hören!

Das Waljunge bleibt ein ganzes Jahr bei seiner Mutter. Es weicht nicht von ihrer Seite.

Der Weiße Hai

Er wird bis zu 7 Meter lang und hat große, spitze Zähne. Seine Beute sind Delfine, kleine Wale und Fische, die er schon von weitem an ihrem Geruch erkennt. Er greift sie von unten an und versucht, sie in den Bauch zu beißen.

Der Weiße Hai hat einen schlanken Körper und kann deshalb sehr schnell schwimmen.

Die Grüne Meeresschildkröte

Sie ist sehr groß und lebt in warmen Gewässern. Jedes Jahr kehrt sie an den Strand zurück, an dem sie geboren wurde, und legt dort Hunderte von runden Eiern ab.

Die Grüne Meeresschildkröte ernährt sich ausschließlich von Pflanzen. Daher hat sie ihre grüne Färbung.

Der Delfin

Delfine sind zwar in allen Weltmeeren zu Hause, aber sie sind keine Fische! Sie schwimmen blitzschnell und springen weit aus dem Wasser.

Delfine leben im Schwarm, um Fische zu jagen und sich vor Feinden zu schützen.

Ein lustiger Mund

Man könnte meinen, der Delfin lächelt. Mit seinen kleinen spitzen Zähnen fängt er glitschige Fische. Er benutzt sie auch zur Verteidigung gegen seine Feinde, denen er in den Bauch beißt.

Der Delfin ist schlau und neugierig. Er hat keine Angst vor Menschen … manchmal kommt er sogar ganz nah heran.

Der Delfin ist nicht nur unglaublich schnell, sondern auch sehr verspielt: Wer kann am höchsten springen?

Bunte Fische

In wärmeren Gewässern bilden Korallen riesige Unterwasserwälder. Hier gibt es viele Orte, die Tausenden von schönen Fischen als Unterschlupf dienen.

Der Clownfisch bleibt immer in der Nähe seiner Anemone.

Der Clownfisch

Seeanemonen sind giftig. Deshalb halten die Fische sich davon fern – nur nicht die kleinen Clownfische. Für sie sind die Korallen ein sicherer Ort. Sie leben paarweise mitten in den Fangarmen der Korallen und fressen deren Nahrungsreste.

Der Papageifisch

Das Maul des Papageifisches gleicht einem Schnabel und ist sehr hart. Damit kann er sogar den steinharten Korallenfelsen zerbeißen und ihn abfressen. Unter Wasser knirscht das, wie wenn man einen Keks knabbert.

Der männliche Papageifisch ist rot, blau oder gelb. Das Weibchen ist grau.

Der Leopard-Drückerfisch

Da er nicht sehr schnell schwimmt, tarnt er sich gut vor seinen Feinden. Er hat große weiße Flecken am Bauch, Streifen und gelbe Linien auf dem Kopf. Dank dieser Muster ist er im Korallenriff sehr schwer zu entdecken.

Der Leopard-Drückerfisch hat eine bewegliche Rückenflosse. Er stellt sie drohend auf, um seine Feinde zu erschrecken.

Der Falterfisch

Auf der Schwanzflosse hat er einen großen schwarzen Fleck, der einem Auge ähnelt. Deshalb erwischen seine Feinde, die ihn am Kopf angreifen wollen, nur seinen Schwanz und verletzen ihn nicht so schlimm.

Wenn der Falterfisch flüchtet, sieht es aus, als würde er rückwärts schwimmen.

Seltsame Meerestiere

Sie sind entweder ganz klein oder riesengroß und sehen lustig aus. Aber Vorsicht: Einige dieser Meerestiere sind gefährlich und es ist besser, Abstand von ihnen zu halten.

Die Qualle

Ihr Körper ist weich und es hängen lange durchsichtige und klebrige Fäden daran. Diese Tentakel sind Fallen für die Fische, denn sie sind voller kleiner giftiger Widerhaken.

Manche Quallen sind giftig. Auch wenn du sie tot am Strand findest, solltest du sie nicht anfassen!

Das Seepferdchen

Eigentlich ist es ein kleiner Fisch, dessen Körper mit Knochenplatten bedeckt ist. Damit es nicht von den Wellen davongetragen wird, rollt es seinen Schwanz um Seegrashalme und hält sich damit am Seegras fest.

Das Seepferdchen ernährt sich von Kleinstlebewesen, die es mit seiner strohhalmförmigen Schnauze ansaugt.

Der Tintenfisch hat acht Fangarme mit vielen kleinen Saugnäpfen.

Der Tintenfisch

Er kann seine Hautfarbe an den Sand oder die Felsen anpassen und ist so bestens getarnt. Wenn er sich bedroht fühlt, stoßt er eine dunkle Tintenwolke aus und schwimmt ganz schnell davon.

Der Rotfeuerfisch

An seinen langen Flossen hat er Giftstachel. Tagsüber bleibt er in einem Felsen. Nachts jagt er Fische und Garnelen, die er mit seinem Stachel sticht, bevor er sie verschlingt.

Der Rotfeuerfisch lebt in warmen Gewässern.

In der Wüste

In der Wüste ist das Leben nicht leicht. Es gibt fast kein Wasser für Mensch und Tier. Tagsüber kann es sehr heiß werden und nachts sehr kalt.

Im Sand der Sahara

Die Sahara ist die größte Wüste der Welt. Hier regnet es fast nie.
Manche Tiere können hier leben, ohne einen einzigen Tropfen Wasser zu trinken.

Der Stachel des Skorpions ist so spitz wie eine Nadel und sehr giftig.

Der Skorpion

Tagsüber versteckt er sich unter einem Stein. Nachts kommt er hervor und wartet darauf, dass eine Grille, eine Spinne oder eine Eidechse vorbeikommt. Skorpione trinken nie: Das Wasser, das sie über ihre Nahrung aufnehmen, genügt ihnen.

Die Hornviper

Unter dem Sand ist es nicht so heiß wie darauf. Wenn die Sonne zu sehr wärmt, verschwindet die Hornviper blitzschnell im Sand. Dann schauen nur noch ihre Augen und ihre zwei kleinen Hörner heraus.

Die Hornviper hat fast dieselbe Farbe wie der Sand.

Der Wüstenfuchs

Die Menschen, die in der Wüste leben, zähmen den Wüstenfuchs. Er ist sehr nützlich, weil er Vipern und Skorpione jagt. Lautlos pirscht er sich an die Beute an und stürzt sich dann auf sie.

Der Wüstenfuchs hat helles, sandfarbenes Fell und sehr große Ohren.

Dromedar oder Kamel?

Ohne diese beiden Tiere könnten Menschen nicht in der Wüste leben.
Kennst du die Unterschiede zwischen Dromedar und Kamel?

Im Höcker

Das Dromedar lebt in den heißen Wüsten Afrikas, das Kamel dagegen in den kalten Wüsten und Gebirgen Asiens. Beide Tiere sind stark und widerstandsfähig. Wasser und Nahrung wird in ihrem Körper in Fett umgewandelt und im Höcker gespeichert.

Das Dromedar hat nur einen Höcker. Es kann zehn Tage ohne Wasser auskommen und dann 100 Liter auf einmal trinken – fast eine halbe Badewanne voll.

Das Kamel hat zwei Höcker und kürzere Beine als das Dromedar. Im Winter bekommt es langes Fell.

Das Dromedar kann einen Menschen oder schwere Lasten auf seinem Höcker tragen. Es ist ausdauernd und kann sehr lange laufen. Die Hitze macht ihm nichts aus.

In der Steinwüste

Die Steinwüste ist ein großer Landstrich in Nordamerika mit eigenartigen Landschaften. Hier findet man trockene Prärien, in welchen große Kakteen wachsen, und riesige orangerote Felsen.

Wenn es kein zartes Gras mehr gibt, frisst der Wüstenhase Kakteen.

Der Wüstenhase

Der Wüstenhase gräbt keinen Bau, hält sich aber tagsüber wegen der Hitze im Schatten auf. Bei Gefahr flieht er blitzschnell, indem er Haken schlägt.

Der Kojote

Der Kojote ähnelt einem Wolf, ist aber kleiner. Er lebt nicht im Rudel, sondern alleine oder zu zweit. Abends heult er laut, um den anderen Kojoten zu zeigen, dass er da ist.

Der Kojote lebt in ganz Nordamerika, sowohl in den heißen Wüsten als auch in den kalten Regionen.

Der Amerikanische Uhu

Die größte Eule Nordamerikas wird bis zu einem halben Meter groß. Sie kann ausgezeichnet sehen und hören. Manchmal fängt sie eine Ente oder sogar eine kleine Katze und frisst sie.

Der Amerikanische Uhu brütet in verlassenen Vogelnestern oder in Kakteen.

Der Rennkuckuck läuft gerne mit den Autos, die die Wüste durchqueren, um die Wette.

Der Rennkuckuck

Dieser Vogel läuft sehr schnell, um seine Beute zu fangen. Er jagt Mäuse, Eidechsen und Schlangen. Er tötet seine Beute mit einem Hieb seines spitzen Schnabels und verschlingt sie dann.

Im Herzen Australiens

Mitten auf diesem großen Kontinent befindet sich eines der trockensten Gebiete der Erde. Hier leben seltsame Tiere, die es nirgendwo sonst auf der Welt gibt.

Der Wüstenteufel

Der Wüstenteufel hat am ganzen Körper Stacheln. Aber er ist harmlos. Er frisst nur Ameisen und bewegt sich sehr langsam. Bei Gefahr hält er ganz still, damit ihn sein Feind nicht sehen kann.

Der Wüstenteufel kann seine Farbe ändern: Wenn es kühler ist, wird er grau-grün.

Der Dingo

Er ist ein Wildhund. Er frisst alles: Insekten, Kaninchen, Pflanzen … manchmal greift er auch ein Känguru an oder stiehlt ein Schaf auf der Farm.

Der Dingo ist ein Hund, der nicht bellt, sondern wie ein Wolf heult.

Das Kängurubaby ist neugierig: Es streckt den Kopf aus dem Beutel heraus und beobachtet die Umgebung.

Das Känguru

Seine Beine sind wie Sprungfedern: Es springt sehr weit und sehr hoch. Das Weibchen hat ein winziges Baby, das in seinem Beutel heranwächst.

In den kalten Regionen

Das ganze Jahr über ist das Land mit Schnee und Eis bedeckt. Man nennt diese Region auch Eiswüste. Es ist schwierig, hier zu leben, vor allem, wenn es stürmt.

In der Tundra

In der Tundra sind die Sommer sehr kurz und die Winter lang und kalt. Deswegen haben die Tiere, die hier leben, alle ein dickes Fell oder ein wärmendes Gefieder.

Der Polarfuchs

Er ist viel schmächtiger als der Rotfuchs. Seine Ohren sind ganz klein und rund, damit sie nicht so schnell auskühlen. Manchmal folgt er einem Eisbären, um ihm die Reste seiner Beute zu klauen.

Der Polarfuchs hat im Sommer braunes und im Winter weißes Fell.

Der Elch

Er ist sehr groß, hat ein breites Maul und einen Kehllappen unten am Hals. Im Sommer schwimmt er im See, um auch das Gras unter Wasser zu erreichen. Im Winter frisst er Kiefernzapfen und Baumrinde.

Der Elch hat ein riesiges Geweih, das wie zwei große Hände aussieht.

Die Schnee-Eule

Das Weibchen hat ein weißes Gefieder mit schwarzen Flecken. Das Männchen ist etwas kleiner und ganz weiß. Schnee-Eulen fressen Lemminge, das sind kleine Nagetiere, die in der Tundra leben.

Schnee-Eulen können ihren Kopf so weit drehen, dass sie sehen, was hinter ihnen passiert.

Manche Rentiere haben braunes Fell, andere sind fast ganz weiß.

Das Rentier

Rentiere leben in riesigen Herden, die auf der Suche nach Gras ständig umherziehen. In der großen Gruppe können sie besser überleben: Gemeinsam überqueren sie selbst breite Flüsse!

Am Nordpol

Am Nordpol ist es so kalt, dass sich auf dem Meer eine riesige Eisdecke bildet: das Packeis. Einige Tiere leben auf dem Eis, andere kommen nur hierher, um sich auszuruhen, bevor sie wieder ins eiskalte Wasser tauchen.

Robben haben eine dicke Fettschicht unter dem Fell, die sie warm hält.

Die Robbe

Sie schwimmt gut und kann sehr lange unter Wasser bleiben, ohne zu atmen. Wenn Gefahr droht, wechselt sie blitzschnell die Schwimmrichtung, um so ihren Feinden zu entkommen.

Das Walross

Was für ein Riese! Das Walross besitzt große Stoßzähne mit deren Hilfe es sich auf dem Eis fortbewegen kann. Die Stoßzähne der Männchen sind besonders lang, denn sie setzen sie auch zum Kämpfen ein.

Um bequem vorwärts zu kommen, lassen sich die Walrösser auf Eisschollen treiben.

Der Eisbär

Er ist der größte aller Bären. Mit seinen breiten Tatzen geht er über das Eis ohne einzubrechen. Er jagt gerne Robben, die er auf seinen Tauchgängen im Eismeer fängt.

Das dicke Fell des Eisbären schützt ihn vor dem eisigen Wind.

Der Kaiserpinguin

Kaiserpinguine sind die größten Pinguine und leben am Südpol. Ihre Küken schlüpfen im kalten Polarwinter und werden zunächst von ihren Vätern aufgezogen.

Auf dem Eis oder im Wasser

Der Kaiserpinguin lebt auf dem Packeisgürtel im Norden des Atlantischen Ozeans. Pinguine sind zu schwer zum Fliegen, aber sie schwimmen so elegant, dass man meinen könnte, sie flögen unter Wasser.

Die Pinguinmännchen verbringen den Winter auf dem Packeis, ohne sich fortzubewegen und ohne zu fressen: Sie bebrüten das Ei, das auf ihren Füßen unter einer Hautfalte liegt.

Der Tordalk sieht ein bisschen aus wie ein Pinguin. Er legt sein Ei auf einen Felsen und zieht seine Jungen dort auf.

Das Pinguinküken hat wärmende graue Daunen.

Am Südpol

Dies ist der kälteste und auch der einsamste Ort der Welt.
Nur wenige Tiere leben am Rande des Südpols und im eisigen Meer.

Männliche See-Elefanten sind fünfmal so groß wie die Weibchen.

Der See-Elefant

Der See-Elefant ist die größte Robbenart. Den ganzen Tag über jagt er im Meer nach Fischen und kleinen Haien. Nur die Männchen haben eine Rüsselnase.

Die Ohrenrobbe

Man erkennt sie an ihren kleinen Ohren und ihren großen Flossen. Mit diesen kann sie sehr gut übers Eis gehen. Ihr Zuhause ist das Meer, aber wenn es stürmt, flüchtet sie an die Küsten.

Die Ohrenrobbe hat ein dichtes Fell, das sie im kalten Wasser gut schützt.

Der weiße Fleck des Schwertwals sieht aus wie ein großes Auge.

Der Schwertwal

Man nennt ihn auch Killerwal, weil er ein gefährlicher Jäger ist, der in kalten Gewässern lebt. Er greift Delfine an und vor allem Robben – um diese zu fangen, springt er sogar auf das Packeis.

Index

Bildnachweis

Fotos © Agentur JACANA/HOA-QUI DISTRIBUTION

P. Oxford/NPL: Titelfoto, Foto der Rückseite (Mitte, u.), S. 6 (o.), S. 7 (o.), S. 56 (o.), S. 57 (o.), S. 64-65, S. 73 (Mitte l.), S. 77 (o., u.), S. 94 (o.), S. 115 (u.); G. Douwma/NPL: S. 4, S. 91 (o.), S. 125; J. Downer/NPL: S. 6 (Mitte u.), S. 38-39; D. Noton/NPL: S. 6 (o.), S. 8-9; E. Sipp: S. 6 (Mitte o.), S. 26-27, S. 87 (Mitte r.), S. 88 (o. l.); J. Foot/NPL: S. 7 (Mitte o.), S. 41 (u. r.), S. 80-81; J. Freund/NPL: S. 7 (Mitte), S. 90-91, S. 91 (u.), S. 98 (u.), S. 118 (o.); J.-B. Ruiz/NPL: S. 7 (Mitte u.), S. 45, S. 104-105; T. Mangelsen/NPL: S. 7 (u.), S. 114-115; G. Dore/NPL: S. 9 (o.) und Foto der Rückseite (o. r.); J. Trippleton/TOP: S. 9 (u.); F. Thomas: S. 10 (o.); A. Bidard: S. 10 (u.); F. Krahmer/AGE: S. 11 (o.); F. Lukasseck/AGE: S. 11 (Mitte), S. 14 (u.); C. Thiriet: S. 11 (u.), S. 12 (u.); E. A. Janes/AGE: S. 12 (o.), S. 13 (Mitte r.), S. 68 (u. r.); J. Toomey/AGE: S. 13 (o. l.), S. 76 (l.); T. J. Rich/AGE: S. 13 (u.); C. Doerr: S. 14 (o.); K. H. Thomas/NPL: S. 15; P. Lorne: S. 16 (o.), S. 29 (o.), S. 37 (u.), S. 43 (u.); P. Hobson/NPL: S. 16 (u.); N. Benvie/NPL: S. 17, S. 117 (u. l.); H. & J. Eriksen/NPL: S. 18 (o.), S. 108 (o.); M. Wilkes/NPL: S. 18 (u.), S. 24 (u.), S. 59 (u.); A. Guerrier: S. 19 (o.); M. Danegger: S. 19 (u.), S. 20 (u.), S. 30 (o.), S. 37 (o.), S. 65 (o.), S. 67 (u.); C. Seddon/NPL: S. 21, S. 66 (u.); Y. Brioux: S. 22 (o.); R. Konig: S. 22 (u.), S. 92 (u.), S. 93 (u.); M. Colas: S. 23 (o.); M. Hoang Cong: S. 23 (Mitte) und Buchrücken; Varin Visage: S. 23 (u.); C. Preston/NPL: S. 24 (o.); W. Osborn/NPL: S. 25, S. 78 (Mitte l.); B. Borell/AGE: S. 27 (o.), S. 41 (o.); S. Cordier: S. 27 (u.), S. 42 (Mitte r.), S. 60 (u.), S. 70 (u.), S. 83; H. C. Kappel/NPL: S. 29 (u.), S. 68 (o. l.); T. Vezo/NPL: S. 30 (u.), S. 70 (o.); De Courty: S. 31 (o.); N. Bean/NPL: S. 31 (u. l.); Dinodia/AGE: S. 31 (u. r.); P. Gomez Garcia/AGE: S. 33; M. Rugner/AGE: S. 34 (o.), S. 123; L. Kah: S. 35 (o.); C. & M. Moiton: S. 35 (u.); C. M. Bahr: S. 36 (u.); C. Lambeaux: S. 39 (o.); M. Gabriel/NPL: S. 40 (o.); Marevision/AGE: S. 40 (u.), S. 92 (o.), S. 103 (o.); B. Castelein/NPL: S. 41 (u. l.), S. 49, S. 94 (u.); H. Eisenbiss/PHR: S. 42 (Mitte l.); J. Cancalosi: S. 43 (o.), S. 110 (o.); J. Cancalosi/NPL: S. 111 (o.); F. Liverani/NPL: S. 44 (o.); D. Wechsler/NPL: S. 44 (u.), S. 110 (u.); A. Davies/NPL: S. 46 (o. r.); A. & S. Carey/PHR: S. 46 (u. l.); H. Berthoulé: S. 47 (u.), S. 86 (u.); M. McDonald/NPL: S. 48 (o.), S. 117 (o. r.); A. Shah/NPL: S. 48 (u.), S. 61, S. 63 (o., u.), S. 74 (o.), S. 75; P. De Wilde: S. 51 (o.); T. Heald/NPL: S. 51 (u.); R. Brown/AGE: S. 52 (o.); A. Harrington/NPL: S. 52 (u.); D. Kjaer/NPL: S. 53; E. Momatiuk/AGE: S. 54 (u.); G. Ziesler: S. 56 (u.); M. Denis-Huot: S. 47 (o.), S. 58 (o., u.); W. Bollman/AGE: S. 59 (o.); F. Stober/AGE: S. 60 (o.); M. Hill/AGE: S. 62 (o.); J. Rius: S. 62 (u.); Morales/AGE: p. 65 (u.), S. 119; A. Hegelstad/NPL: S. 66 (o.); U. Walz/GTD: S. 67 (o.); I. Arndt/NPL: S. 69, S. 86 (o.); S. Krasemann: S. 71; M. Durham/NPL: S. 72 (o.); J. C. Munoz/AGE: S. 72 (u.); F. Polking: S. 73 (o.), S. 121; J. Pitcher/AGE: S. 73 (u.); W. Layer: S. 76 (r.), S. 106 (u.); D. Watts/NPL: S. 78 (Mitte r.), S. 95 (o.); P. Cairns/AGE: S. 81 (o.); L. M. Stone/NPL: S. 82 (o.); T. Mc Hugh/PHR: S. 84 (u.); T. Walker: S. 85 (o.), S. 116 (o.); C. Gomershall/NPL: S. 85 (u.); B. Lundberg/NPL: S. 87 (o.); E. Pott: S. 87 (u. l.); E. Baccega: S. 89; H. Chaumeton: S. 93 (o.); G. Felix: S. 93 (Mitte); D. Cottridge/AGE: S. 95 (u.); K. Aitken/AGE: S. 96 (o.); S. Flood/NPL: S. 96 (u.); K. Guermoud: S. 97; M. S. Nolan/AGE: S. 98 (o.); S. Westmorland/AGE: S. 99; Burnett & Palmer/AGE: S. 100 (o.); Maza: S. 100 (u.); G. Holland/AGE: S. 101 (o.); M. Jozon: S. 101 (u.); M. Debatty: S. 102 (o.); F. Banfi: S. 103 (u.); Al Ley/AGE: S. 105, S. 109; Y. Gillon: S. 106 (o.); Pya: S. 107; B. Morandi: S. 108 (u.); B. Coster: S. 111 (u.); Mero: S. 112 (u.); S. D. Miller/NPL: S. 112 (o.); J.-M. Trois: S. 113; M. Anich/AGE: S. 116 (u.); P. Robles Gil/AGE: S. 118 (u.); D. Allan/NPL: S. 120 (o.); N. Tucker/NPL: S. 120 (u.); P. Bassett/NPL: S. 122 (o.).

© Agentur COLIBRI

D. Fontaine: S. 5; C. Aussaguel: S. 20 (o.); D. Magnin: S. 28 (o.); A.-M. Loubsens: S. 32 (o.); J.-Y. Lavergne: S. 32 (u.); J.-L. Paumard: S. 39 (u.), S. 74 (u.); N. Vanneyre: S. 79; C. Balcaen: S. 81 (u.); J. Delpech: S. 82 (u.); L. Casiano: S. 84 (o.); J.-L. Ermel: S. 88 (u. r.), S. 105 (o.); C. Baranger: S. 102 (u.).

© Agentur BIOS

Klein/Hubert: S. 6 (u.), S. 34 (u.), S. 50-51, S. 55; J.-M. Labat/P. Roger: S. 28 (u.), S. 57 (u.); F. Gilbson: S. 36 (o.); B. Cole: S. 115 (o.); V. Bretagnolle: S. 122.

© EDITION-BOISELLE

G. Boiselle: S. 54 (o.).